BEI GRIN MACHT SICH IHR WISSEN BEZAHLT

- Wir veröffentlichen Ihre Hausarbeit, Bachelor- und Masterarbeit

- Ihr eigenes eBook und Buch - weltweit in allen wichtigen Shops

- Verdienen Sie an jedem Verkauf

Jetzt bei www.GRIN.com hochladen und kostenlos publizieren

Martin Scherf

Geographische Aspekte der Globalisierung

GRIN Verlag

Bibliografische Information der Deutschen Nationalbibliothek:

Die Deutsche Bibliothek verzeichnet diese Publikation in der Deutschen National-
bibliografie; detaillierte bibliografische Daten sind im Internet über http://dnb.d-
nb.de/ abrufbar.

Impressum:

Copyright © 2000 GRIN Verlag GmbH
Druck und Bindung: Books on Demand GmbH, Norderstedt Germany
ISBN: 978-3-640-28387-3

Dieses Buch bei GRIN:

http://www.grin.com/de/e-book/123288/geographische-aspekte-der-globalisierung

Universität Karlsruhe (TH)
Institut für Geographie und Geoökologie
HS : Humangeographie
WS 2000/2001

Geographische Aspekte der Globalisierung

Martin Scherf

Germanistik (HF)/ Geographie (HF)/ Biologie (NF)
7.Sem./ 9.Sem/ 9.Sem.

Inhaltsverzeichnis

I. Einleitung

Globalisierung ist ein modernes Phänomen, das sich durch die Entwicklung neuer Techniken und gesellschaftliche Fortschritte entwickelt hat. Durch diese Weiterentwicklungen rückt die Welt enger zusammen und steuert einen Zustand globaler Verflechtungen an, der Globalität. Es werden neue Kulturformen geschaffen, und die Welt kann als ein transnationaler sozialer Raum gesehen werden. Der Nationalstaat muß seine Souveränität aufgeben und kann sich nicht vor dem globalen System abschotten, wie es noch vor einigen Jahrzehnten möglich war. Teilweise verlieren die Staatssysteme enorm an Bedeutung, da sie nicht mehr zwingend notwendig sind. Somit ist der Prozeß der Globalisierung ein ökonomisches und gesellschaftliches Phänomen, das von der Politik maßgeblich mitgetragen wird. Die Geographie, besonders die Humangeographie, vereint alle diese Wissensgebiete in sich, und so ist es von Interesse, die Auswirkungen der Globalisierung aus dem Blickwinkel der Teilgebiete Sozialgeographie, Wirtschaftsgeographie und aus ökologischer Sicht zu beleuchten.

II. Was ist Globalisierung?

Als Globalisierung können die Prozesse beschrieben werden, die ökonomische, gesellschaftliche und auch ökologische Verhältnisse immer mehr von konkreten Räumen ablösen. Das heißt, bestimmt Prozesse sind nicht mehr räumlich gebunden, sondern weisen eine zunehmende Verflechtung auf. Der Raum an sich, der lange Zeit als der geographische Untersuchungsgegenstand galt, verliert an Bedeutung, da sich die Gesellschaft von diesem lösen kann. Weltweite lokale Gegebenheiten können verknüpft werden, und es entstehen transnationale Kulturen. Durch diese Intensivierung weltweiter Beziehungen werden entfernte Orte miteinander verbunden und können durch Vorgänge geprägt werden, die sich viele Kilometer weiter ereignen. Somit geht es bei der Globalisierung nicht nur um die Vergrößerung, Ausweitung und Entgrenzung, sondern auch die Rückwirkungen dieser Prozesse sind wichtig.[1] Somit ist die Globalisierung nicht nur der Prozeß, der zu einer borderless world führt, sondern statt der einfachen Aufhebung der Grenzen findet ein

---

[1] Vgl. Koitsch, Günther: Aspekte der Globalisierung. In: Ulmensien: Schrifetnreihe der Universität Ulm. 1999

Strukturwandel statt. Ob dies zu einer Vereinheitlichung der Welt oder zu einer neuen gesellschaftlichen Vielfalt führt, ist umstritten.[2]

Der Prozeß der Globalisierung konnte in den letzten Jahren nur deshalb so schnell vorangetrieben werden, da sich einige Faktoren in dieser Zeit maßgeblich entwickelt haben. Zu diesen Faktoren zählen:

⇒ Die Entwicklung neuer Informations- und Kommunikationstechnologien. Dadurch ist eine stärkere Anbindung und Reaktionsmöglichkeit von Märkten und auch politischen Systemen gewährleistet. Durch die große Anzahl von Datennetzen und schnellen, sowie weitreichenden Kommunikationskanälen „schrumpft" die Welt im Sinne der Erreichbarkeit. Wirtschaftlich und gesellschaftlich gesehen verlieren Begriffe wie Raum und Zeit enorm an Bedeutung, da man von diesen nicht mehr in diesem Maße abhängig ist wie in vorangegangen Zeiten.

⇒ Die Mobilität von Gütern hat auch aufgrund des relativ billigen Preises enorm zugenommen, und auch der Personentransport hat an Schnelligkeit gewonnen. Distanz ist überbrückbar geworden und zwar zu relativ geringem Aufwand.

⇒ Organisatorische Fähigkeiten haben sich enorm gesteigert, womit nahezu an jeder Stelle der Welt eine effiziente und präzise Produktion installiert werden kann.

⇒ Die große Bandbreite technologischer Entwicklungen erfordern eine weltweite Kooperation, da keine Nation in allen Bereichen kompetent, geschweige denn führend sein kann.

⇒ In den Kreis der bisher vorherrschenden Wirtschaftsmächte dringen neue aufsteigende Staaten vor, die als Wettbewerber durchaus ernst zu nehmen sind, wie zum Beispiel Staaten aus Südostasien und Osteuropa.

⇒ Bildung und Entstehung einer Vielzahl von überstaatlichen Organisationen, da nur eine Staatengemeinschaft in den Zeiten der Globalisierung handlungs- und kontrollfähig ist.

⇒ Es findet ein Wertewandel statt, der bisherige traditionelle Institutionen erodieren läßt.

⇒ Durch das fortschreitende Bevölkerungswachstum entstehen neue Arten der Migration, da regulierende Raumbegriffe an Bedeutung verlieren. [3]Durch diese Entwicklungen, besonders durch die Entwicklung neuer Transport- und Informationstechniken, gewinnen die Begriffe

---

[2] Vgl. Koitsch, Günther: Aspekte der Globalisierung. In: Ulmensien: Schrifetnreihe der Universität Ulm. 1999
[3] Steger, Ulrich (Hrsg.): Globalisierung der Wirtschaft. Berlin/Heidelberg. 1996: S.4

Raum und Zeit eine vollständig neue Bedeutung. Die Welt rückt zusammen und kann immer öfter als Ganzes angesprochen werden und nicht mehr als Konglomerat verschiedener Systeme. Der Nationalstaat verliert an Souveränität und muß sein Handeln vor der internationalen Gemeinschaft verantworten. Somit hat die Globalisierung enormen Einfluß auf die gesellschaftlichen und ökonomischen Strukturen, sowie eine Vielzahl ökologischer Auswirkungen. Globalisierung ist als Prozeß zu sehen, der seit den Anfängen der Menschheitsgeschichte in Gang gesetzt wurde und seitdem mit wachsender Intensität und zunehmender Geschwindigkeit abläuft, ebenso mit der Aufklärung und dem Kapitalismus zusammenfällt und in jüngster Zeit eine Beschleunigung erfahren hat. Globalisierung bildet für das postindustrielle Zeitalter den charakteristischen Kern und kann als zeitgenössisches Phänomen angesehen werden.[4] Nicht abzustreiten ist jedoch, daß das Phänomen der Globalisierung erst in unseren Tagen an Bedeutung gewinnt und zu einem zentralen Punkt geworden ist.

III. Globalisierung und Sozialgeographie

Betrachtet man die Globalisierung auf gesellschaftlicher Ebene, so erkennt man die Tendenz, die Welt als globales Dorf anzusehen. Die Gesellschaft befindet sich in einem Prozeß der Denationalisierung, der eine Ausdehnung über die Grenzen des Nationalstaates hinaus bedeutet.[5] Möchte man Globalisierung sozialgeographisch erfassen, so ist dies in erster Linie die: "...empirisch zu erforschende Konsequenz der Wirksamkeit von Entankerungsmechanismen."[6] Das heißt, die Gesellschaft ist räumlich und zeitlich entankert . Das Verhältnis Mensch-Raum ist im Umbruch, da sich das alltägliche Handeln in größere Dimensionen ausweitet. Globalisierung bezeichnet also: "..das Potential und die Faktizität einer bisher nicht erreichten räumlichen und zeitlichen Ausgreifens sozialer Beziehungen, deren Bedingungen und Folgen."[7] Lokales Wissen ist nun jeden Individuum zugänglich und kann unabhängig von Raum und Zeit abgerufen werden, damit ist ein Handeln über die Distanz notwendig und Austauschprozesse gewinnen enorm an Geschwindigkeit. Die Ausbreitung von Innovationen zum Beispiel kann sich innerhalb kürzester Zeit ändern und

---

[4] vgl. Werlen, Benno: Sozialgeographie alltäglicher Regionalisierungen. Stuttgart.1997
[5] Beisheim, Marianne: Im Zeitalter der Globalisierung?. Baden-Baden. 1999: S. 18
[6] Werlen, Benno: Sozialgeographie alltäglicher Regionalisierungen. Stuttgart.1997: S.237

[7] Werlen, Benno: Sozialgeographie alltäglicher Regionalisierungen. Stuttgart.1997: S.234

auch das Umfeld einer „Lebensform" (Werlen 1997), die zwar in einem lokalen Kontext lebt, erfährt eine Ausdehnung der räumlich-zeitlichen Spannweite. Ein wichtiger Punkt, der diesen Vorgang ermöglicht, ist die stetige Entwicklung der Kommunikationstechniken. Wie in Kapitel II. schon ausgeführt, ist diese eine der grundlegenden Voraussetzungen, um den Vorgang der Globalisierung und die damit folgende „Entankerung" des Individuum von Raum und zeitlichen Dimensionen zu erreichen. Durch diesen Aufschwung der Kommunikation und der neuen Medien sind Informationen an jedem Ort der Welt verfügbar, was ein ganz neues Verhalten gewährleistet. Das heißt unterschiedliche soziale Systeme befinden sich in einer sozialen Gleichzeitigkeit. Es gibt keine zeitliche und räumliche Barriere, die einen Informationsaustausch verhindert. Kulturen und soziale Systeme können somit enger zusammenrücken, und es kommt zu einer Intensivierung weltweiter sozialer Systeme.[8] Dies bedeutet aber auch, daß lokale Handlungen von Geschehnissen mitgeprägt werden, die sich an weit entfernten Orten ereignen. Dadurch wird Globalisierung zu einem multidimensionalen Vorgang. Dieser Vorgang hat als Folge, daß durch die Entwicklung der Kommunikation und auch des Transportes eine neue Wahrnehmung der Welt erzeugt wird. Die Welt unterliegt einem Schrumpfungsprozeß. Die bis dahin bestehende traditionelle Lebensform, die im folgenden kurz beschrieben wird, muß sich in eine andere Lebensform umwandeln, da andere Entwicklungs- und Interaktionsvoraussetzungen gegeben sind.

Traditionelle Lebensformen sind, anders als im Zeitalter der Globalisierung, fest in einem bestimmten Raum-Zeit-Verhältnis verankert. Dadurch ist bedingt, daß sich diese Lebensformen nur in einem sehr engen individuellen Rahmen bewegen können und auch in ihren Entscheidungen sind ihnen erhebliche Grenzen gesetzt. Die Vorstellung von erlaubten und nicht erlaubten ist klar vorgegeben. Die Position in der Gesellschaft ist der traditionellen Lebensform klar vorgegeben. Hierbei spielen solche Kriterien wie Geschlecht, Alter und auch Herkunft eine zentrale Rolle. Diese räumliche Abgrenzung und Verankerung ergibt sich aus dem technischen Stand der Fortbewegungs- und Kommunikationsmittel. Allein durch den niederen Standard an Kommunikationsmitteln ist die face-to-face Kommunikation dominierend. Somit ergibt sich eine Beschränkung der interregionalen Kommunikation. Weiter entfernte Geschehnisse nehmen wenig Einfluß auf lokale Gegebenheiten.

Im Gegensatz zu diesen traditionellen Lebensformen entwickelt sich im Zeitalter der Globalisierung eine post-moderne Lebensform, die sich hauptsächlich auf die schon

---

[8] Werlen, Benno: Sozialgeographie alltäglicher Regionalisierungen. Stuttgart.1997: S.235

erwähnten Fortschritte in der Transport- und Kommunikationstechnik gründet. Die post-moderne Lebensform weist keinerlei Bindung zu Raum und Zeit auf. Man kann diese Art von Gesellschaftsform als „entankert" (Werlen) bezeichnen. Diese Art von Gesellschaft kann sich nicht mehr auf Traditionen stützen, sondern muß sich andere Orientierungsinstanzen suchen. Auch die bei der traditionellen Gesellschaft vorhandene Stabilität ist bei post-modernen Lebensformen nicht mehr vorhanden. Soziale Transformationsprozesse treten an deren Stelle. Eine räumliche Kammerung tritt nicht mehr auf und wird durch globale Lebenszusammenhänge ersetzt. Es kommt zu einem Auftreten globaler Kulturen, Lebensformen und Stile, die nicht von traditionellen Positionen festgelegt wurden und nicht von vornherein festgelegt sind. Die Schaffung abstrakter Systeme ermöglicht die Aufrechterhaltung von Beziehungen jeglicher Art über größere Distanzen hinweg. Dieses entstehende globale Dorf zeichnet sich allerdings durch eine gewisse Anonymität aus und bringt eine Vielzahl von Veränderungen mit sich, auf die später noch eingegangen werden soll. Nicht nur in räumlicher Hinsicht ergibt sich ein Stabilitätsverlust, sondern auch zeitlich gesehen. Alle auszuführenden Praktiken orientieren sich an globalen Mustern. Da sich diese an einem großen Maß von Mobilität aufzeigen, genießt die post-moderne Lebensform ein Höchstmaß an Fortbewegungs-, aber auch Niederlassungsfreiheit. Diese hat eine Vermischung ehemals lokaler Kulturen zur Folge, die sich auf engstem Raum begegnen können. Durch Loslösung von starren Gebilden ist die Aufrechterhaltung von Lebensstilen und Lebenspolitik einem ständigen Einfluß und Wechsel unterzogen. Das Individuum benötigt deshalb ein hohes Maß an Bewußtsein und Selbststeuerung, um sich diesen Tendenzen anzupassen. [9] Räumliche Anwesenheit ist in der letzten Instanz der post-modernen Lebensform nicht notwendig. Migration und Pendlerbewegungen, aber auch Standortfaktoren werden durch diesen Umstand maßgeblich beeinflußt. Gerade durch die Nutzung hoch entwickelter Kommunikationsformen ist persönliche Anwesenheit oft nicht notwendig. Videokonferenzen und die Nutzung des Internets sind Möglichkeiten, zwar in einem globalen Kontext zu arbeiten, aber dennoch nicht räumlich und zeitlich abhängig zu sein. So ist es möglich, zu jeder Tages- und Nachtzeit eine Vielzahl von Aktivitäten zu steuern, die in der traditionellen Lebensform wegen räumlicher und zeitlicher Grenzen nicht ausgeführt werden konnten. Auch können ganze Arbeitsschritte von ein und dem selben Punkt aus ausgeführt werden, das eine Fortbewegung zum Arbeitsplatz unnötig macht. Folgen dieser Entwicklung sind, konsequent gesehen, eine völlige Nichtbeachtung des Raumes, da dieser nicht mehr

---

genutzt werden muß, um bestimmte Tätigkeiten auszuführen. In manchen Berufssparten ist es durchaus möglich, seine gesamte Arbeit von zu Hause aus zu erledigen. Dies bedeutet der Wegfall von Pendlerbewegungen und den Wegfall von großen Bürokomplexen, da teilweise diese nicht mehr von Nöten sind. Die Distanz Wohnstätte-Arbeitsstätte verliert enorm an Bedeutung, da diese nicht mehr täglich oder überhaupt nicht mehr zurückgelegt werden muß. Sollte man diese doch aufsuchen müssen, so stehen hoch entwickelte Transportmittel zur Verfügung.

Doch der Zugang zu diesem globalen Gebilde ist nicht ohne Entgelt und der entsprechenden Technik zu erlangen. Doch dieser Fortschritt und auch die finanziellen Mittel, um sich einer globalen Gesellschaft anzuschließen, sind nicht gleich verteilt. Denn Kommunikation und Transport sind Waren, die kapitalistisch erzeugt und vermarktet werden und deshalb Geld kosten. Auch die Nutzung moderner Kommunikationstechniken, wie zum Beispiel des Internets, bringt einen finanziellen Aufwand mit sich. Man muß ein Telefon besitzen, einen Internetzugang und schließlich müssen diese Dienste auch bezahlt werden. Da aber diese finanziellen Mittel nicht gleich verteilt sind, haben manche Individuen keinen Anteil an der Globalisierung, da sie sich noch in einer anderen Lebensform befinden. Damit schafft Globalisierung eine Kultur der Ungleichheit. So kann also der Prozeß, der ein Zusammenwachsen der Welt initiieren soll, zu einer genauen Gegenströmung führen. "Die Globalität verstärkt die Gefahren einer weiteren systematischen Brutalisierung, ist also auch ein Vehikel für neue Nationalismen und Chauvinismen, für neue Trennungen, wenn die alten hinweggefegt werden ." [10] Dies bedeutet, daß die von Werlen beschriebene post-moderne Gesellschaft nur dann entstehen kann, wenn die technischen und auch die wirtschaftlichen Voraussetzungen gegeben sind. Ansonsten existieren beide Lebensformen, die traditionelle und die post-moderne, nebeneinander und sind weit davon entfernt, Globalität zu erreichen, nämlich den Zustand globaler Verflechtungen, in denen sich kein Staat abschotten kann.

---

[9] vgl. Werlen, Benno: Sozialgeographie alltäglicher Regionalisierungen. Stuttgart.1997
[10] Altvater, Elmar: Grenzen der Globalisierung. Münster. 1996 :S. 49

IV. Globalisierung und Wirtschaft

Der Bedeutungsverlust von Raum und Zeit hat natürlich auch enorme Auswirkungen auf die Wirtschaft. Auch hier muß man der Bedeutung moderner Informationstechniken, sowie Transportmöglichkeiten eine zentrale Rolle zuteilen. Die Produktion reifer Produkte kann in Regionen oder Länder mit niedrigen Fertigungskosten verlegt werden und auch bei der flexiblen Produktion ist eine räumliche Trennung von Fertigung und Dienstleistung möglich. Multinationale Großunternehmen treiben in diesem Sektor die Globalisierung weit voran und bauen ein weltweites Netz von Zweitwerken auf, die mit Hilfe modernster Technologie geführt werden.[11] Diese Unternehmen können sich durch diese Strategien dem Einfluß von Nationalstaaten entziehen, indem sie die Wirtschaft und die Rechtslage in den jeweiligen Ländern ausnutzten. Damit lösen sich diese Firmen von Staatsgebilden ab und entwickeln sich zu einem eigenen Gebilde. Doch nicht nur die Produktion, sondern auch die Konsumtion (Werlen), werden durch den Prozeß der Globalisierung beeinflußt. Das Ausnutzen der billig gewordenen Transportmöglichkeiten, veranlaßt eine Verlagerung einer Unzahl von Arbeitsschritten in Billiglohnländer, da die Einsparung an Lohnkosten den Mehraufwand an Transportkosten um das vielfache übersteigt. So werden zum Beispiel Nordseekrabben in Nordafrika gepult, da dort die Arbeitslöhne unglaublich niedrig sind und den langen Transportweg rechtfertigen. Unter entankerten Bedingungen ist selbst das einfache Produkt eines Erdbeerjoghurts ein komplexes Gebilde. Die Herkunft der einzelnen Zutaten ist äußerst komplex und auch die Zusammenstellung der Verpackung. Eine große Anzahl an Warenströmen sind an der Herstellung beteiligt. Aus diesem weiträumigen Warentausch resultiert aber auch eine enorme Zunahme der verfügbaren Produkte an einem Ort, was natürlich auch einen Einfluß auf die individuelle Ernährungsweise hat, da man nun nicht nach gegebener Notwendigkeit, sondern nach Gusto auswählt.[12]

Die Globalisierung der Wirtschaft geht Hand in Hand mit der Liberalisierung des internationalen Warenhandels. Durch diese Liberalisierung entstanden große internationale Industriemärkte, die charakteristisch für eine globale Weltwirtschaft sind. Dieser freie internationale Handel war schon Bestandteil der „Theorie über den Wohlstand der Nationen" von Adam Smith. Folge dieser Entwicklung ist, daß jede Nation sich auf ihre jeweilige Stärke spezialisieren kann und dadurch aber auch das Welthandelsozialprodukt gesteigert wird. Außerdem ist es ein altes Prinzip, daß Märkte um so besser funktionieren, je stärker sie durch

---

[11] Schätzl, Ludwig: Wirtschaftsgeographie. München/Wien 1996

Wettbewerb gekennzeichnet sind. Durch die geographische Ausdehnung der Märkte und durch die Öffnung von Grenzen erhöht sich deren Wettbewerbsintensität.[13]

Doch hat diese Vergrößerung der Märkte auch eine Kehrseite, da nun eine große Anzahl von Ländern unterschiedlichsten Standards in einem Markt vereinigt sind. Es drängt sich nun hier die Frage auf, welche Auswirkungen die Globalisierung auf den Arbeitsmarkt des jeweiligen Landes hat. Große Massen von unqualifizierten Arbeitern nähmen den Arbeitern in den Industrieländern die Arbeit weg, oder veranlaßen Lohnkonzessionen, da die Betriebe mit Verlagerung der Produktion in Billiglohnländer drohen können. Stellt sich also die Frage, ob die Globalisierung für die Arbeiter der reichen Länder einen Nachteil ergibt. Durch die Vergrößerung des Weltmarktes gibt es ein Weltbeschäftigungsproblem. Das Arbeitsangebot ist in diesem Markt größer als die Arbeitsnachfrage, wobei noch erschwerend hinzukommt, daß das Kapital ungleich verteilt oder nicht in genügenden Ausmaß vorhanden ist. Doch muß man hier sehen, daß die erhöht Produktivität der Firmen auch den jeweiligen Bürgern des Landes zu gute kommt.

Im Vorangegangenen wurde die weltweite Verflechtung von Unternehmen angesprochen. Da diese Firmennetze auch untereinander Export und Import betreiben, hat man hier ein großes Handelsaufkommen, nur um innerbetrieblich zu agieren. So sind fast 50% aller US-Exporte Waren, die über innerbetriebliche Kanäle abgewickelt werden.[14]

Doch muß man hier sehen, daß sich die Technologien im Laufe der Zeit verändert haben. Dies kann durch den Kondratieff-Zyklus beschrieben werden.

Kondratieff-Zyklus	Technologie	Anwendungen
1790-1845	Textil, Eisen	Dampfmaschine
1845-1890	Stahl, Kohle	Eisenbahn
1890-1945	Strom, Chemie	Automobil
1945-1990	Atom, Elektronik	Flugzeug, Computer
1990-	Information, Biologie, Gen	Software, Dienste

Das Wissen ist als Produktionsfaktor neben Rohstoffe, Arbeit und Kapital dazugekommen und ist im Gegensatz zu diesen jederzeit und an jedem Ort verfügbar. Informationstechnik ist, wie schon des öfteren erwähnt, eine entscheidende Voraussetzung der Globalisierung. [15]

---

[12] Werlen, Benno: Die Geographie der Globalisierung. In: Geographische Revue. Heft 1/2000
[13] von Weizäcker, Christian: Logik der Globalisierung. Göttingen. 1999. S 49ff
[14] Greider, William: Endstation Globalisierung. München.1998. S.26ff
[15] Koitsch, Günther: Aspekte der Globalisierung. In: Ulmensien: Schriftenreihe der Universität Ulm. 1999

Das Hauptziel einer globalen Wirtschaft ist die vollständige Ausbildung eines Weltmarktes und somit eine enorme Mobilität des Kapitals. Anleger und Firmen können heute an allen Orten der Welt aktuelle Wirtschaftgeschehnisse verfolgen und aufgrund computergestützter Kommunikationstechniken Transaktionen rund um den Globus veranlassen. Die Wirtschaft, aber auch der Geld- und Kapitalmarkt, sind somit auch aus dem herkömmlichen Raum-Zeit Modell herausgenommen. Genügte es früher noch das Börsengeschehen einige Stunden zu beobachten, so muß man im Zeitalter der Globalisierung rund um die Uhr das Geschehen verfolgen.

Zentrale Rolle des Globalisierungsprozesses der Wirtschaft sind die Unternehmen. Diese haben das Ziel, mit wenig Aufwand an Kapital und Arbeit viel zu produzieren. Um dieses Ziel zu verwirklichen muß das Unternehmen prüfen, welche Arbeitsschritte in welchem Land gemacht werden und in welchem Land man sich ansiedelt. Folgende Faktoren müssen dabei berücksichtigt werden. Soll die Produktion in ein anderes Land verlagert werden, da dort zum Beispiel die Lohnkosten wesentlich niedriger sind, so muß sichergestellt sein, daß die dortigen Arbeiter die Ausbildung haben, um diese Produkt zu fertigen. Bei niederen Arbeiten, wie zum Beispiel das Filetieren von Fisch oder ähnliche monotype Tätigkeiten, ist dies meist gegeben. Bei komplexeren Arbeitsschritten werden besser ausgebildete Arbeiter benötigt. Dies ist natürlich eine Chance für die Länder der dritten Welt, indem sie, die Industriealisierungsphase überspringend, in neuere Technologien einsteigen. Neue Technologien sind mit einem wesentlich geringeren Aufwand zu produzieren als Industriegüter. Besonders in Teilen Asiens, wie Indien oder Pakistan, ist ein Trend zu Informations- und Hochtechnologie zu beobachten. Damit können sich kleinere und ärmere Staaten in die Weltwirtschaft einbringen, und es zeichnet sich ab, daß die „alten" Wirtschaftsmächte den Anschluß an diesen Trend teilweise verpaßt haben. Die green card Debatte in Deutschland zeigt dies deutlich. Ein weiterer Punkt, der für eine Produktion in einem anderen Land maßgeblich ist, ist die Erreichbarkeit. Der Produktionsstandort muß so erreichbar sein, daß keine teuren Transportwege in Kauf genommen werden müssen. Das Vorhandensein von Rohstoffen und die steuerlichen Vorteile, die man durch ein Unternehmensnetz erlangt, spielen natürlich auch eine große Rolle. Den global agierenden Unternehmen wird in den 90er Jahren ein Drittel der Weltproduktion zugeordnet und sie sind dadurch auch im wesentlichen verantwortlich für den drastischen Anstieg, ausländischer Direktinvestitionen, die eine entscheidende Größe im Globalisierungsprozeß sind. Somit ist die Globalisierung der Wirtschaft ein wesentlicher Baustein der gesamten Globalisierung und ist wesentlich weiter vorangeschritten als die Globalisierung in anderen Bereichen.

V. Ökologische Dimensionen der Globalisierung

Bis zum Ende der fünfziger Jahre wurden Umweltschäden hauptsächlich als lokale, in seltenen Fällen als regionale Phänomene aufgefaßt. Die hauptsächlich industriell verursacht Umweltverschmutzung zeigt jedoch schon seit den sechziger Jahren grenzüberschreitende Wirkung. Beispiele hierfür ist der saure Regen, der auch in Skandinavien auftretend, von den mitteleuropäischen Industrienationen maßgeblich verursacht wurde. Doch nicht nur die Luft, sondern auch Gewässer, werden von verschiedenen Staaten belastet. Diese Schadstoffe werden häufig über Grenzen hinweg transportiert und sorgen weit entfernt von ihrem Ursprung für Veränderungen. Doch auch so globale Themen wie Ozonloch oder auch Überfischung der Weltmeere zeigen, daß die Umweltproblematik häufig ein globales Ausmaß besitzt und von gemeinsamen Verursachern in verschiedenen Ländern hervorgerufen wird. Somit liegt hier deutlich eine Denationalisierungstendenz vor.[16]

Bei dieser globalen Gefährdung der Welt muß man zwischen reichstumsbedingten und armutsbedingten Zerstörung der Umwelt unterscheiden. Ökologische Zerstörung aus Reichtum resultiert häufig aus der Externalisierung von Produktionskosten und sind gleichmäßig über den Globus verteilt, während armutsbedingte Umweltschädigungen meist nur lokal auftreten, aber sich mittelfristig internationalisieren.[17] Die Industrieländer tragen meist durch ihre Produktionsweisen und Lebensstile zur ökologischen Zerstörung bei. Ein gutes Beispiel für diese Zerstörung ist die Ausdünnug der Ozonschicht. Durch die Anwendung von Kühltechniken, die FCKW und Halone enthalten, wurde die stratosphärische Ozonschicht, die als Filter für die von der Sonne ausgehenden ultravioletten Strahlen dient, massiv geschädigt. Besonders in Gebieten der Südhalbkugel, wie Australien oder Neuseeland, führt dies zu einem enormen Anstieg von Haut- und Augenerkrankungen.

Ein weiterer Aspekt der ökologischen Zerstörung durch reiche Staaten ist der Treibhauseffekt. Der hohe Kohlendioxidausstoß der Industrieländer bedingt eine weltweite Erwärmung, die möglicherweise zu Trockenheit, Wüstenausdehnung und Schmelzung der Polkappen führt.

Doch Umweltzerstörung ist nicht nur eine Begleiterscheinung von industriellem Wachstum und Bevölkerungswachstum, sondern es besteht auch ein Zusammenhang zwischen Armut und Umweltzerstörung. Unterentwicklung, aber auch ressourcenintensive Wachstumsmodelle, führen zu einer globalen Gefährdung. Der Raubbau des Regenwaldes ist wohl das beste Beispiel für ökologische Selbstzerstörung. Die primäre Selbstzerstörung des Lebensraumes

---

[16]vgl. Beisheim, Marianne: Im Zeitlater der Globalisierung?. Baden-Baden. 1999.

[17] Horvath, Christian: Globalisierung. Berlin/Heidelberg/New York. 1997

der armen Länder führt sekundär zu einer weltweiten Gefährdung. Der Regenwald als „grüne Lunge" der Erde, sowie als Pool enormer Biodiversität, hat eine große Bedeutung für die gesamte Welt. Diese Eingriffe des Menschen erreichen eine globale Reichweite, wie nie zu vor und werden als Kernprobleme des Globalen Wandels bezeichnet.

Kernprobleme des Globalen Wandels:

<u>Natursphäre</u>

• Klimawandel

Durch die Anreicherung der Atmosphäre mit langlebigen Treibhausgasen, provoziert der Mensch einen signifikanten Klimawandel. Diese Erderwärmung hat schwerwiegende Auswirkungen auf die ozeanische Zirkulation und auf die Dynamik der polaren Eiskappen und kann somit zu einer Verschiebung der Klimagürtel und zu einem Anstieg des Meeresspiegel führen.

• Bodendegradation

Die Böden der Erde sind in vielen Regionen mittel bis schwer geschädigt. Diese Bodenschäden sind die Folge von Übernutzung und Umgestaltung der Pflanzendecke, Verdichtungen, Versiegelungen und Belastung der Böden mit organischen und anorganischen Substanzen. Die Zerstörung des Bodens hat auch die Zerstörung der menschlichen Lebensgrundlagen zur Folge und kann Hunger, Migration und kriegerische Auseinandersetzungen nach sich ziehen.

• Verlust der Biodiversität

Nutzungsänderungen von großen Flächen der Erde, wie zum Beispiel durch Rohdung Trockenlegung oder Umwandlung in Ackerland, führen zu einer Verringerung der Artenvielfalt und zum Verlust von Ökosystemen. Damit gehen nutzbare Arten verloren und bei den verbleibenden Arten steigt die Anfälligkeit gegenüber Krankheiten und Schädlingen. Somit nimmt dies direkten Einfluß auf die Ernährungsgrundlagen des Menschen.

• Verknappung und Verschmutzung von Süßwasser

Durch Bewässerungslandwirtschaft, Industriealisierung und Verstädterung werden die Süßwasservorräte lokal und regional übernutzt. Diese Verknappung der Ressource Wasser kann zu ökonomischen, sozialen und politischen Konflikten führen.

• Übernutzung und Verschmutzung der Weltmeere

Die Weltmeere werden durch Immissionen und direkte Einleitung erheblich mit Schadstoffen belastet. Dies führt zu einer Beeinflussung des Fischfangs, der eine wichtige Rolle bei der Welternährung spielt.

• Zunahme anthropogen verursachter Naturkatastrophen

Viele Naturkatastrophen sind möglicherweise eine direkte Folge der Eingriffe des Menschen in natürliche Systeme. Diese führen zu Migrationsdruck, der weite Teile der Völkergemeinschaft betrifft.

• Ressourcenübernutzung und Überanspruchung der natürlichen Senken

Im Rahmen der Debatte um eine nachhaltige Entwicklung ist die Frage nach der Begrenztheit der Natur als Speicher von Ressourcen und als Senken von Abfällen thematisiert worden. Das verträgliche Maß scheint hier schon überschritten.

<u>Anthroposphäre</u>

• Bevölkerungsentwicklung und –verteilung

Die Weltbevölkerung wächst gerade in den Entwicklungs- und Schwellenländern in enormem Ausmaß. Dies führt zu Landflucht und großen Migrationsbewegungen. Schnelles urbanes Wachstum, besonders in den Küstengebieten, sind die Folge, was in diesen Regionen zu Umwelt- und Armutsproblemen führt.

• Umweltbedingte Gefährdung der Welternährung und Weltgesundheit

Große Teile der Menschheit sind fehl- bzw. unterernährt. Bodendegradation, Wasserknappheit und Bevölkerungswachstum verstärken diesen Zustand. Dadurch gelangt es auch zu einer höheren Anfälligkeit für Krankheiten, die durch die globale Mobilität zu Seuchen und Epidemien auf der ganzen Welt führen können.

• Globale Entwicklungsdisparitäten

Die strukturellen Ungleichgewicht zwischen Industrie- und Entwicklungsländern haben sich in den letzten Jahren verstärkt. Dies ist zum Teil eine Folge der Globalisierung der Wirtschaft, die zwar manchen Ländern Wirtschaftswachstum brachte, aber auch zu erheblichen Umweltbelastungen führte. Aus diesem Ungleichgewicht entwickeln sich Migrationsprozesse und Konfliktpotentiale. [18]

Diese Mensch-Umwelt-Wechselwirkungen des globalen Wandels beherbergen ein enormes Risikopotential. Diese werden in Syndrome gegliedert, welche weltweit erkennbare, typische Muster dieser Wechselwirkungen darstellen. Mit diesem Syndromkonzept soll ein Bild des globalen Wandels und die Verknüpfung möglicher Gefahren gezeichnet werden.

---

[18] vgl. WBGU Jahresgutachten 1998. Berlin 1999 S. 51

Syndrome des globalen Wandels

<u>Syndromgruppe „Nutzung"</u>

• Sahel-Syndrom: Überbeanspruchung einer marginalen reproduktiosnotwendigen
Ressourcenbasis.

• Raubbau-Syndrom: Konversion- bzw. Übernutzung von Wäldern und anderen
Ökosystemen.

• Landflucht-Syndrom: Umweltdegradation durch Preisgabe traditioneller
Landnutzungsformen

• Dust-Bowl-Syndrom: Nichtnachhaltige industrielle Bewirtschaftung von Böden und
Gewässern.

• Katanga-Syndrom: Umweltdegradation durch den Abbau nichterneuerbarer Ressourcen.

• Massentourismus-Syndrom: Erschließung und Schädigung von Naturräumen für Erholungs-
und Erlebnsizwecke.

• Verbrannte-Erde-Syndrom: Umweltdegradation durch militärische Nutzung.

<u>Syndromgruppe „Entwicklung"</u>

• Aralsee-Syndrom: Umweltschädigung durch zielgerichtete Naturraumgestaltung im
Rahmen von Großprojekten.

• Grüne-Revolution-Syndrom: Umweltdegradation durch Verbreitung standortfremder
landwirtschaftlicher Produktionsverfahren.

• Kleine-Tiger-Syndrom: Vernachlässigen ökologischer Standards im Zuge hochdynamischen
Wirtschaftswachstums.

• Favela-Syndrom: Umweltdegradation durch ungeregelte Urbanisierung.

• Suburbia-Syndrom: Landschaftsschädigung durch geplante Expansion von Stadt- und
Infrastrukturen.

• Havarie-Syndrom: Singuläre anthropogene Umweltkatastrophen mit längerfristigen
Auswirkungen.

<u>Syndromgruppe „Senken"</u>

• Hoher-Schornstein-Syndrom: Umweltbelstung durch weiträumige diffuse Verteilung von
meist langlebigen Wirkstoffen.

• Müllkippen-Syndrom: Umweltverbrauch durch geregelte und ungeregelte Deponierung
zivilisatorischer Abfälle.

• Altlasten-Syndrom: Lokale Kontamination von Umweltschutzgütern an vorwiegend industriellen Produktionsdstandorten.[19]

Syndrome können als Verursacher globaler Umweltrisiken angesehen werden. Diese Umweltrisiken können in sechs unterschiedliche Risikotypenklassen unterteilt werden, wobei die Eintrittswahrscheinlichkeit und die Höhe des Schadenpotentials als Klassifizierungsgrundlage dienen.

<u>Damokles:</u> Bei diesen Risikotypen ist die Wahrscheinlichkeit, daß sie eintreten, sehr gering, das Schadenspotential jedoch sehr hoch. (z.B. Kernenergie, Staudämme)

<u>Zyklop:</u> Hierbei handelt es sich um Risikoquellen, bei denen die Eintrittswahrscheinlichkeit ungewiß ist, der maximal auftretende Schaden ist jedoch vorherbestimmbar.(z.B. Massenentwicklung anthropogen beeinflußter Arten, Erdbeben, Überschwemmungen)

<u>Pythia</u> : Risikoquellen, deren Schadenspotential noch ungewiß ist, aber sehr hoch sein kann. (z.B. Treibhauseffekt, Instabilität der antarktischen Eisschilde)

<u>Pandora:</u> Risikoquellen mit persistenten, ubiquitären und irreversiblen Wirkungen. (z.B. persistente organische Schadstoffe)

<u>Kassandra:</u> Risikoquellen die höchst wahrscheinlich auftreten, aber erst in der Zukunft und deshalb selten als bedrohlich angesehen werden. Eintrittswahrscheinlichkeit und Schadenspotential sind zwar bekannt, da die Schäden aber erst nach langer Zeit auftreten, entsteht kaum Betroffenheit. (z.B. schleichender Klimawandel, Destabilisierung von Ökosystemen)

<u>Medusa:</u> Risikoquellen, die erhöhte Akzeptanzverweigerung auslösen. [20]

Alle diese Syndrome sind zwar lokal bedingt, wirken aber global. Die Auswirkungen, die mache haben werden, sind noch nicht abzusehen. Durch die Globalisierung der Welt und das entstehen einer Weltgesellschaft rücken diese Syndrome in deren Verantwortungsbereich. Bei lokalem Handeln müssen die globalen Auswirkungen beachtet werden. Außerdem ist es notwendig, daß zur Lösung dieser Probleme die Weltgesellschaft zusammenarbeitet, da einzelne Staaten damit überfordert sind.

---

[19] vgl. WBGU Jahresgutachten 1996. Berlin 1996: S. 121ff
[20] vgl. WBGU Jahresgutachten 1998. Berlin 1999. S.11

VI. Global cities

Die führenden Wirtschaftsfaktoren, das Finanz- und Hochdienstleistungsgewerbe, konzentrieren sich auf die größten Städte der Welt. Diese *global cities* fungieren als Steuerungs- Kontrollzentralen über die ganze Welt verteilt. Die Globalisierung der Wirtschaft und die Entstehung einer globalen Kultur hat die Rolle der Nationalstaaten und der Weltstädte grundlegend verändert. Die Stadt wird zu einem spezifischen Schauplatz globaler Prozesse.[21] New York, Tokio, London, Sao Paulo, Hongkong, Toronto und Sydney werden zu transnationalen Markträumen und weisen viel mehr Gemeinsamkeiten auf, als mit Städten in ihrem Nationalstaat, die im Zuge dieser Entwicklung ungemein an Bedeutung verlieren. Der angenommene Trend, daß Städte durch die Entwicklung der Informationstechnologie und der Kommunikationstechnologie an Bedeutung verlieren, da man Büros und Fabriken in kostengünstigere Gebiete verlagern kann, hat sich nur zum Teil bestätigt. [22] Nationale und globale Märkte benötigen zentrale Orte, an denen diese Globalisierung realisiert wird. Außerdem benötigen manche Industriezweige eine derart große Infrastruktur, daß sie sich nur in Städten ansiedeln können, die eine hohe Konzentration und eine hohe Qualität dieser Einrichtungen aufweisen können. Denn auch High-Tech-Unternehmen sind auf grundlegende infrastrukturelle Einrichtungen angewiesen, wie es zum Beispiel auch Putzkolonnnen darstellen. Die Geschäftsviertel dieser *global cities* erreichten ihre höchste Dichte, als die Telekommunikation massiv in den High-Tech-Industriebereich eingeführt wurde. So wurde die Stadt als Zentrum der Wirtschaft wiederentdeckt. Jedoch wird der Informationsaspekt überbewertet. Die Informationstechnik und die Kapitalmobilität haben sich auf nationaler und internationaler Ebene verändert. Eine herausragende Bedeutung für die globalen Prozesse der letzten Jahre hat die Dienstleistung. Durch die Entstehung dieser Metropolen, die bereits seit Jahrhunderten als Zentren des Welthandels und der Bankgeschäfte gelten, verliert der Nationalstaat enorm an Bedeutung, da diese Städte nun eine zentrale Rolle einnehmen. Dies bedeutet, daß der Großkonzern die Politik der Regierung aus dem Mittelpunkt rückt. [23] Die *global cities* sind Steuerungszentralen, Marktplätze und wesentliche Produktionsstandorte der führenden Wirtschaftszweige. Ehemals bedeutende Industrie- und Hafenstädte verlieren an Bedeutung, wobei dieser Prozeß sowohl in den Industrieländern, als auch in den Entwicklungsländern zu beobachten ist. Zentrum und Rand treten weiter auseinander, da die Ungleichheit zwischen den internationalen Finanzzentren eines Landes und den anderen

---

[21] Sassen, Saskia: Metropolen des Weltmarkts. Frankfurt. 1996:S. 9
[22] Ebd. S.15
[23] Ebd. S. 91

Städten des Landes größer wird. Die neue Wirtschaftszweige, welche die Entstehung der *global cities* vorantrieben, haben weit höher Gewinnchancen, als herkömmliche Wirtschaftszweige, was zu einer Steigerung der städtischen Ökonomie führt und zur Herausbildung einer gut verdienenden Mittelschicht.

Global cities sind also zentrale Standorte für hochentwickelte Dienstleistungen und Telekommunikationseinrichtungen, wie sie für die Durchführung und das Management globaler Wirtschaftsaktivitäten erforderlich sind. Meist konzentrieren sich in ihnen Konzernzentralen, deren Betrieb in mehr als einem Land tätig sind.[24] Außerdem sind diese Städte als transnationale Marktplätze anzusehen und entwickeln sich wegen der geographischen Streuung von Fabriken, Büros und anderen Niederlassungen, sowie der wachsenden Zahl von Aktienmärkten. Eine Folge davon ist die Verknüpfung dieser Städte über nationale Grenzen hinweg.

Sie existieren praktisch als eigene globale Gesellschaft.[25] Die *global citiy* an sich könnte man ohne weiters aus ihren nationalen Umfeld herauslösen. Sie ist ein autarkes Gebilde, das ohne einen angeschlossenen Nationalstaat existieren kann. In manchen Ländern dominieren diese Städte als Hauptballungszentrum. In diesen Städten findet eine extreme Zusammenführung unterschiedlicher Kulturen statt. Diese multikulturelle Gesellschaft ist ein „Innovatives Millieu"[26], das eine menge Vielfalt und Inspiration bietet. Durch uneingeschränkte Verkehrsanbindung sind diese Städte Zentren der Weltwirtschaft und des Kapitals. „The headquarter of the great banks and multinational corporations. From these headquarters radiate a web of electronic communications and air-travel corridors along which capital is deployed and redeployed, and through which the fundamental decisions about the structure of the world economy are sent. In these global cities work, but not necessarily reside, the cadre of officals and their staff who, in their persons and official capacities, embody the concentration and centralization of capital that now charakterizes the global system."[27]

Global cities sind globale Gesellschaften in Nationalstaaten, die von diesen Städten oft abhängig sind, während diese Städte als Gebilde existieren können. Sie sind an sich Länder in einer kleineren Ausführung, da sie alles notwendige in sich vereinigen. Auch existiert eine

---

[24] Ebd. S. 22
[25] vgl. von Petz, Ursula(Hrsg.): Metropole, Weltstadt, Global city: neue Formen der Globalisierung. Dortmund. 1992
[26] vgl. Castells, M.: Technopoles of the world. London/New York. 1994
[27] Ross, R. und Trachte, K. : Global cities and global classes. New York 1983

Verknüpfung dieser Städte über nationale Grenzen hinweg. *Global cities* erfüllen deshalb auf transnationaler Ebene die Funktion zentraler Orte. [28]

Schlußbetrachtung

Globalisierung ist ein komplexes Phänomen, das erst durch die technischen Fortschritte der letzten Jahre möglich wurde. Durch ein hochentwickeltes Informations- und Kommunikationssystem, sowie durch ein hochleistungsfähiges Transportsystem, verlieren in der heutigen Gesellschaft die Begriffe Raum und Zeit an Bedeutung. Werlen spricht von einer „entankerten" Gesellschaft, da grundlegende Voraussetzungen nicht mehr gegeben sein müssen. Jeder Teil der Welt ist entweder per Informationskanal oder persönlich zu erreichen, und auch eine Abschottung gegenüber der restlichen Welt wird durch diesen Umstand sehr schwierig. Dies birgt ein großes Potential an Risiken, da die Folgen eines gewissen Handelns nicht nur auf ein Gebiet begrenzt sind, sondern weltweite Auswirkungen haben können. Diese Folgen sind teilweise jetzt noch nicht abzusehen, können aber einen großen Einfluß auf zukünftige Entwicklungen haben. Deshalb ist es gerade in der Geographie von enormer Wichtigkeit, den Raumbegriff neu zu überdenken und in einem größeren Kontext zu sehen. Die Globalisierung schafft neue Formen von Gesellschaften, Lebensweisen und Systemen. Manche Regionen der Erde erfahren eine enorme Aufwertung, während andere Regionen an Bedeutung verlieren. Folgen dieses Prozesses können große Migrationsbewegungen, aber auch politische und soziale Disparitäten sein, die ein großes Konfliktpotential darstellen. Gerade durch die Schaffung neuer Gebilde, wie zum Beispiel den *global cities,* bildet sich ein neuartiges Netzwerk aus und ein Bedeutungswandel findet statt. Der Nationalstaat verliert an Bedeutung und ist für diese Städte nicht mehr von Nöten, da sie auch ohne ihn existieren können. Politische Regierungen verlieren an Einfluß, da Konzerne völlig frei bestimmen können, in welchem Land sie sich niederlassen. Die Globalisierung ist ein Prozeß, der die Welt an sich zusammenwachsen läßt, dadurch werden aber die Probleme der gesamten Welt sichtbar und haben Einfluß auf Gegenden, die sie früher nicht erreichten. Damit vergrößert sich auch die Verantwortung der Weltgesellschaft, da die Folgen eigenen Handelns große Auswirkungen haben können. Betrachtet man den Aspekt der Zeit, so verliert diese ebenso wie der Raum an Bedeutung, da sie nicht mehr bestimmend ist. Ein Großteil von Tätigkeiten kann rund um die Uhr von jedem Ort der Welt ausgeführt werden. Mit diesem Bedeutungsverlust von räumlichen und zeitlichen Dimensionen wird sich die Geographie

---

[28] Sassen, Saskia: Metropolen des Weltmarkts. Frankfurt. 1996

auseinandersetzten müssen. Der Prozeß der Globalisierung ist ein dynamischer Prozeß, dessen Folgen oft nicht vorhersehbar sind. Hauptaufgabe der Geographie ist es, diese Voraussagen zu treffen und Entwicklungen vorherzusagen, um entstehende Probleme angehen zu können. Die Entwicklung der Wirtschaft und der Gesellschaft muß unter dem Berücksichtigung des Prinzips der Nachhaltigkeit geschehen, um die Bedürfnisse der jetzigen Generation zu befriedigen, ohne die nachfolgenden Generationen zu gefährden. In der AGENDA 21 wird eine intra- und intergenerationale Gerechtigkeit gefordert. Das heißt, daß die Gesellschaft in sich gerecht sein soll, aber auch der nachfolgenden Gesellschaft alle Möglichkeiten geben muß, sich ohne Probleme zu entwickeln. Sieht man sich die Syndrome des Globalen Wandels an, so besteht hier ein sehr großer Handlungsbedarf, um nachfolgenden Generationen keine schwerwiegenden Altlasten zu hinterlassen. Bevölkerungswachstum, Ernährung, Migration, Seuchen und Umweltprobleme sind Faktoren, die im Prozeß der Globalisierung eine große Bedeutung spielen. Eine Vernetzung von ökologischen, ökonomischen und sozialen Gesichtspunkten ist absolut notwendig, um diesen Prozeß erforschen und verstehen zu können.

Literaturverzeichnis

Altvater, Elmar: Grenzen der Globalisierung. Münster. 1996

Beisheim, Marianne: Im Zeitlater der Globalisierung?. Baden-Baden. 1999

Beck, Ulrich: Politik der Globalisierung. Frankfurt. 1998

Castells, M.: Technopoles of the world. London/New York. 1994

Greider, William: Endstation Globalisierung. München.1998

Horvath, Christian: Globalisierung. Berlin/Heidelberg/New York. 1997

Knight, Richard ; Gappert, Gary (Hrsg.): Cities in a global society. London/New Dehli. 1989

King, Anthony: Global cities. London. 1990

Koitsch, Günther: Aspekte der Globalisierung. In: Ulmensien: Schriftenreihe der Universität Ulm. 1999

Kopper, Enid ; Kiechl, Rolf(Hrsg.): Globalisieerung. Zürich 1997

Petz von, Ursula(Hrsg.): Metropole, Weltstadt, Global city: neue Formen der Globalisierung. Dortmund. 1992

Ross, R. und Trachte, K. : Global cities and global classes. New York .1983

Ruloff, Dieter(Hrsg.): Globalisierung eine Standortbestimmung. Zürich. 1998

Sassen, Saskia: The global City. New Jersey. 1991

Sassen, Saskia: Metropolen des Weltmarktes. Frankfurt. 1996

Sassen, Saskia: Machtbeben. Stuttgart. 2000

Schätzl, Ludwig: Wirtschaftsgeographie. München/Wien .1996

Schmitt, Gert ; Trinczek, Rainer (Hrsg): Globalisierung. Baden-Baden. 1999

Steger, Ulrich (Hrsg.): Globalisierung der Wirtschaft. Berlin/Heidelberg. 1996

Weizäcker von, Christian: Logik der Globalisierung. Göttingen. 1999

Werlen, Benno: Sozialgeographie alltäglicher Regionalisierungen. Stuttgart. 1997

Werlen, Benno: Die Geographie der Globalisierung. In: Geographische Revue. Heft 1/2000

Werlen, Benno: Gesellschaft, Handlung und Raum. Stuttgart. 1987

Wissenschaftlicher Beirat der Bundesregierung Globale Umweltveränderungen: Welt im Wandel: Strategien zur globalen Bewältigung globaler Umweltrisiken. Jahresgutachten 1998. Berlin. 1999

Wissenschaftlicher Beirat der Bundesregierung Globale Umweltveränderungen: Welt im Wandel: Herausforderung für die deutsche Wirtschaft. Jahresgutachten 1996. Berlin. 1996